# 序

　　休闲，是人生旅途的重要内容，是人对生命意义的快乐的探索。

　　1925 年的诺贝尔文学奖获得者萧伯纳说：工作是我们必须做的事情，而休闲是我们喜欢做的事情。世界休闲组织原秘书长杰拉德·凯尼恩说：休闲是人类生存的一种良好状态，是 21 世纪人们生活的一个重要特征。几千年前的中国圣贤们对"休闲"二字也有了精辟的阐释，"休"：倚木而休，强调人与自然的和谐；"闲"：娴静、思想的纯洁与安宁。从词意的组合上表明了休闲所特有的文化内涵和价值意义。

　　休闲，是现代都市人所渴望拥有的一种生活状态。

　　越来越多的人，开始向往乡村和田园生活。

　　作为休闲农业与乡村旅游管理服务者，经常会有人问我们这样的问题：乡村游，到哪里去玩？有什么可玩的？怎么玩？针对这些问题，我们就想，能不能编辑一套系列丛书，帮助游客解决这些问题。于是我们就做了一个梳理，通过这套书，把这些来自乡村的休闲农业礼物地呈现给大家。书中的乡村，是都市人所向往的梦幻庄园，在这里，到处都是甜美和快乐。甜蜜的草莓，多彩的樱桃，温馨的香草，灿烂的春花，还有快乐的农田……，我们可以在这里驻足、触摸、欣赏、品味，享受乡村呈给大家的一切。

　　休闲，是一种心情，一种态度，更是一种需要。

　　工作，在那里；

　　生活，在这里。

　　这里——是乡村！

休闲农业系列丛书

- 乡约浪漫馨生活 -

# 香草天空

北京观光休闲农业行业协会

北京市农村工作委员会

编

中国农业科学技术出版社

图书在版编目（CIP）数据

香草天空 / 北京市农村工作委员会，北京观光休闲
农业行业协会编 . —— 北京 : 中国农业科学技术出版社，
2013.12

ISBN 978-7-5116-1477-3

Ⅰ.①香…　Ⅱ.①北…②北…　Ⅲ.①香料作物—普
及读物　Ⅳ.①S573-49

中国版本图书馆 CIP 数据核字（2013）第 295255 号

策　　　划　北京壹度创意旅游策划机构
责任编辑　穆玉红　李　雪
责任校对　贾晓红

出 版 者　中国农业科学技术出版社
　　　　　　北京市中关村南大街 12 号　　邮编：100081
电　　话　（010）82109702（发行部）　（010）82106626（编辑室）
　　　　　　（010）82109703（读者服务部）
传　　真　（010）82106626
网　　址　http://www.castp.cn
发　　行　全国各地新华书店
印 刷 者　北京富泰印刷有限责任公司
开　　本　880 mm × 1 194 mm　1 /24
印　　张　6
字　　数　15 千字
版　　次　2014 年 1 月第 1 版　　2014 年 1 月第 1 次印刷
定　　价　39.00 元

香草

是农民奉献给市民的温馨礼物

# 目 录
CONTENTS

第 **1** 章

【信手拈香】

那些关于花花草草的锦囊

花季里暗香飞渡
情愫万千

## 一、走近馨香第一步

无论工作多么忙碌，总有那么一刻我们会抬起头，看窗外天上的白云，不由想起暖洋洋的午后，那杯酝酿着香气的咖啡；那块在寒冷冬日里能让我们眯起眼睛安静品味的榛果巧克力块；那支在饱食过后也不舍得撒手的香草冰淇淋……这些触手可及的心满意足，充满香气的心旷神怡，全来自于数千年前大地的馈赠——香草。

在中国，神农尝百草的故事人人皆知；西班牙人则认为香草是一种兴奋剂，印第安人称其为神的果实。阿兹特克人还用它当过货币。在过去的 800 年中，香草这种神奇的植物救活了墨西哥和马达加斯加的经济，开拓了印度的贸易，甚至使马达加斯加得以建国，在世界地图上占有了一个位置。波斯帝国以及阿拉伯国家用香草提炼的香水占领了世界众多国家的市场，从而引发了欧洲的香水工业的竞争。这种充满香气的植物，带着与生俱来的力量，遍及世界。

## 1. 香草的起源

　　大多数著名的香草都起源于地中海沿岸地区，包括南欧、北非和小亚细亚等地，如薰衣草、迷迭香和鼠尾草。公元前 2800 年的古埃及莎草纸文献中，就载有以香草作为医疗用途的使用记录。在巴比伦王国的黏土板遗迹中，也曾发现刻有香草的名单。而埃及女王古丽奥佩脱穿着香草浸染的衣物，并以香花包浸浴，甚至制造香草精油的故事更是名闻于世。因此，地中海有"香草故乡"的美誉。还有一些香草起源于其他地区，主要集中在亚洲、南非以及南美的一些地区。

## 2. 家族命名

　　香草对外的正式名字是叫芳香植物，是可供提取芳香油的栽培植物（芳香油料作物）和野生植物的总称，具有药用植物和香料植物共有的属性。

## 3. 香草大家族

　　香草家族大约有 163 科 756 属总计 3000 多个成员，遍布全世界，主要集中在菊科、芸香科、伞形科、百合科、禾木科、莎草科等。家族里最知名的成员就是薰衣草、迷迭香、百里香、藿香、香茅、薄荷、罗勒、九层塔等，它们均是时尚一族追逐的对象。

## 4. 家族成员分布

　　大多在以地中海沿岸为中心的欧洲诸国，在中亚、中国、印度、南美等国家和地区也有许多成员。

Tips：

小香草大作用

（1）美化环境，家居美化和园林培植。

（2）食用保健，香草和饮食的结合，不仅丰富饮食趣味，而且具备一定的食疗作用。

（3）产品原料，可以广泛应用于食品、纺织、建材、皮革及卷烟等工业，经济效益惊人。

## 二、"香草美人"——传奇与魅力的化身

观香品味,香草因其万千姿态和悠远的馨香,寄托了人们无尽的祈望,如同神话中最美丽、明艳的女人海伦,围绕着传奇和魅力,更如悠久岁月里永远凝立的"香草美人",在时光的冲刷下,依然青春和芳香。在中国最古老的诗集《诗经》里,香草已经成为描绘爱情和歌咏志向的表征,成为心灵的寄托,永远地被人歌颂和传唱。

### 1. 薰衣草

薰衣草优美典雅,又被称作"香草之后"。传说,圣母玛利亚曾将洗净的耶稣婴儿服挂在薰衣草上,从此薰衣草就被赋予如同天堂一般味道。还有一种说法是,薰衣草本来是一种寻常的植物,没有香味,圣母玛利亚曾对着薰衣草花祈祷,薰衣草自此有了持久不退的香气与驱魔的魔力。

【别名】香草女王、芳草庭院女王、香浴草、爱情草、宁静的香水植物。

【花语】等待爱情,也被视为纯洁、清净、保护、感恩与和平的象征。

【科属】唇形科薰衣草属。

【气味】优雅温和的味道,淡淡的木质香。

【取材】花、茎、叶。

【用途】园艺、烹饪、茶饮、美容、医药、工艺。

【历史】薰衣草在罗马时代就已经是应用相当普遍的香草,古罗马人用薰衣草沐浴,或是作为衣物薰香防虫之用,后传播到整个欧洲。

【分布】原产于地中海沿岸、欧洲各地及大洋洲列岛,如法国南部的普罗旺斯。后被广泛栽种于英国及南斯拉夫,现美国的田纳西州、日本的北海道、中国的新疆伊犁也有大量种植。

【民俗】欧洲民间用薰衣草熏香新娘礼服,据说可以带来幸福美满的婚姻。

【宗教】传说圣母玛利亚将洗净的耶稣婴儿服,挂在薰衣草上,从此薰衣草就被赋予象征天堂味道的意义。

## 2. 迷迭香

迷迭香原产于地中海，它的名字来自于拉丁文"海中之露"。其香味浓郁，传说远航的船只迷失方向时，迷航的水手们可以凭借着迷迭香浓浓的香气来寻找陆地的位置。在意大利，女生会拿着开着花的迷迭香，轻轻敲叩着自己心上人的手指，期待对方给予正面的回应；或者，女孩会在婚礼中戴上迷迭香花冠，向世人宣告她对爱情的忠贞不渝。莎士比亚曾在其剧著中写着："迷迭香是为了帮助回忆，亲爱的，请您牢记。"

## 3. 罗勒

罗勒原产地在印度、西亚等地，印度人视其为神圣的香草，是天神赐给人类的恩典。据说，耶稣受难复活，坟前开满了罗勒，除了代表罗勒本身的神性外，更强调其生命力的强韧。中南美洲国家视罗勒为保护身家安全的吉祥植物；墨西哥的情人之间也会献上罗勒，代表仰慕之意。

## 4. 薄荷

薄荷，代表永不消逝的爱！传说冥界之神普鲁托(Pluto) 爱上了美丽的海精灵曼莎 (Mentha)，两人热恋却被柏丝芬撞见，善妒的柏丝芬一怒之下，把她推倒在地，狠狠践踏，普鲁托见状心生不忍，于是把曼莎变成薄荷，越是踩踏却越能散发迷人的芳香，这便是薄荷 (Mentha)名字的由来。

## 5. 酢浆草

　　一般的酢浆草只有三片小叶，偶尔会出现突变的四片小叶个体，称为幸运草，传说如果找到有四片小叶的幸运草就能使愿望成真。早期威尔斯的塞尔特人相信白色酢浆草可以对抗恶魔。1620 年，英国诗人约翰·梅尔顿写道：如果有人在田间巧遇任何有四片叶子的草，就将会有好运降临。

## 6. 百里香

　　曾有诗人称百里香的香气为"破晓的天堂"，因为它闻起来清新迷人、自然舒服，有如天堂般的纯洁美丽。百里香又名"普罗旺斯的恩惠"。希腊神话中，阿芙洛狄忒（爱神）因为看见特洛伊战争的残忍而落泪，她的泪珠落入凡间就成了百里香可爱的小叶子。另一说法是特洛伊的海伦之泪一滴滴化成了百里香。百里香的英文"thyme"来自希腊，是"勇气"的意思。

信手拈香

## 7. 百合

"永不凋谢的美丽的生命力的象征"——俄国诗人普希金

百合花是古代法国王室权力的象征。传说，在法兰克王国第一个国王克洛维受洗时，上帝赠予他的礼物就是百合花。所以，自 12 世纪始，法国将百合花作为国家的标志。

野百合花还是智利人民独立、自由的象征。传说，原来的百合花只有蓝色和白色两种，12 世纪，智利民族英雄劳塔罗为了反抗西班牙殖民主义者英勇起义。后因叛徒出卖，三万多名战士战死疆场。次年春天，在英雄们洒下鲜血的土地上盛开了红色的百合花，于是一簇火样的百合花从此开在了智利国徽的图案上。

## 8. 铃兰

　　每年五月间，法国乡下的少女从森林中采摘铃兰花，插在瓶中。在法国的习俗里，为心爱的人献上铃兰，代表着美丽的爱情。法国人说，没有铃兰花的五一不称其为五一。五月一日，是国际劳动节，也是法国人的铃兰节，这一天，铃兰花和工人阶级的游行队伍，构成法国五月一日的民俗画。

　　白色的小花铃兰，也是北海道最具代表性的花，是札幌的市花，铃兰的花语是"再回来的幸福"。北海道人在每年五月一日时彼此赠送对方铃兰花，互相道贺平安度过严寒的酷冬，幸福的春天终于重回大地。

## 9. 风信子

　　风信子的学名得自希腊神话中受太阳神阿波罗宠眷并被其所掷铁饼误伤而死的美少年雅辛托斯，是由于西风风神泽费奴斯用计害死。在雅辛托斯的血泊中，长出了一种美丽的花，阿波罗便以少年的名字命名这种花。

　　欧洲人对风信子有一种特殊感情。传说司管美与爱的女神维纳斯，最喜欢汇集附于风信子花瓣上的露水，使肌肤更为漂亮光滑。在英国，蓝色风信子一直在婚礼中新娘捧花或饰花不可或缺，它代表新人的纯洁，带来幸福的祈望。

## 10. 玫瑰

　　每年 2 月 14 日西方的"情人节"，沉醉在爱河中的男女都会献上红色的玫瑰花以诉衷肠。这个节日起源于古罗马时代，相传那时人们要在这天敬拜天后朱诺，因为她是女性婚姻幸福的保护神。后来人们普遍给玫瑰冠于"爱情之花"的称号。浪漫的法国人喜欢玫瑰花胜过一切，把玫瑰奉为"万花之王"。

　　而在英国的 15 世纪，则发生了著名的"玫瑰战争"。玫瑰战争，是英国兰开斯特王朝和约克王朝的支持者之间为了英格兰王位的持续内战。两个家族都是金雀花王朝皇族的分支。玫瑰战争的名字不是当时所用的名字，它来源于两个皇族所选的家徽—兰开斯特的红玫瑰和约克的白玫瑰。

## 11. 雏菊

　　雏菊的花语是"纯洁的美"、"天真"、"希望"以及"深藏在心底的爱"。在神话里，她是由森林的精灵维利吉斯转变来的。当维利吉斯和恋人玩得高兴时，却被果树园的神发现了，于是她就在被追赶中变成了雏菊。欧洲民间传说中，雏菊可以占卜爱情。姑娘们一片片揪下雏菊的花瓣，"爱我？""不爱我？"默默地数着，最后一片便是爱情的预言。

## 12. 三色堇

　　三色堇是波兰的国花。意大利人对三色堇的花语定义为"思慕"和"想念我吧"，通常都是指恋人之间的思念。三色堇为什么有三种颜色？据说，堇菜花本是单色的，纯白的像天上的云朵。由于女神维纳斯出于嫉妒心的鞭打，流出汁液染成了三种颜色，所以被称为三色堇。

# 六月之夜

## 雨果

当夏日的白昼退尽，繁花似锦的平原，

向四面八方飘洒着令人陶醉的香气；

耳边响起渐近渐远的喧声，闭上双眼，

依稀入睡，进入透明见底的梦境里。

繁星越发皎洁，一派娇美的夜色，

幽幽苍穹披上了朦朦胧胧的色彩；

柔和苍白的曙光期待着登台的时刻，

仿佛整夜都在遥远的天际里徘徊。

# 第2章

## 【闻香识香】

### 总有一株属于你的味道

闭目在轻雨疏烟中，独舞香风

香气是一种很特别的物质，透过嗅觉的传导，进入我们的身体内，再经过中枢神经，进入我们的大脑中，刺激着生理及心理上的各种反应。或喜欢、或讨厌、或引人、或舒缓，每一种香味都可以在身体中激荡出不同的感受。

芳香植物之所以名为香草，就因其香气迷人，而且其香气还具备舒缓身心、医疗保健的功效。日本曾进行的一次实验表明：办公室空气中如有香味，工作效率会显著提高。在相同的办公室环境中，以 6 名打字员的打字效率进行实验。结果是：在三天内不闻任何香味的人平均每小时打字 1 4140 个。错误率为 1.11%，闻花卉香味的人平均每小时打字 16 122 个，错误率仅为 0.08%。在电脑工作室，工作人员若能闻到有香味的空气，工作误差可减少20%。闻到柠檬香味的空气时，出错率竟然可减少 54%，由此可见香草功能之大。

如今，国外已有人举办"香味医院"。利用香味调节人的心理、生理功能，改变人的精神状态。从而得到预防、治疗疾病和保健的作用。而且在心血管、气管炎、哮喘、神经衰弱等病治疗上已取得了突破性的进展。

Tips：香草大多具备药性，使用时请遵医嘱，孕妇、婴孩及过敏体质的朋友不适使用。

## 一、香草——因愉悦而调动健康的因子

香味为什么有治疗疾病和预防保健的功能呢？这是因为香草植物茎叶或花朵的油细胞，一经阳光照射，便能分解出一种挥发性的芳香油，香气挥发物能够强有力地刺激人的呼吸中枢，促进人体吸收氧气，排放二氧化碳。大脑因之得到充分的氧气供应，产生旺盛的精力。同时，随着香气的扩散，空气中的阳离子增多，又可以进一步调节人的神经系统，促进血液循环，增强人的免疫力和机体活力，进而有效地抑制或医治各种疾病的发生。

香草都有各自不同的怡人香气，可以让人享受到精神的愉悦、减缓压力。如薰衣草具有安神、镇静的功效，迷迭香具有提神的作用。它们不仅可以净化空气，还可以吸附一些有毒、有害气体，使人体能够 24 小时保持着健康、积极的状态。

## 1. 香蜂草

【别名】薄荷香脂、蜂香脂、蜜蜂花。

【花语】关怀。

【使用方式】家居、茶饮、食用、沐浴、薰香。

【闻香小品】如柠檬般清香，令人心情愉悦的香叶。

【药用部位】叶、花。

【药用疗效】可增进食欲、促进消化；吸入蒸气可缓解感冒

症状；常被添加于护发用品。

## 2. 芸香

【别名】七里香、诸葛草。

【花语】镇静、理智。

【使用方式】插花、家居、药用。

【药用部位】全草。

【闻香小品】有橙子果香。

【药用疗效】清热解毒解暑，芳香健胃。

治咽喉哑痛。

### 3. 柠檬百里香

【花语】协助、生命力。

【使用方式】驱虫、食用、茶饮、沐浴、薰香、
　　　　　　插花、盆景、护肤。

【药用部位】全草。

【闻香小品】带有柠檬味的木质香。

【药用疗效】祛痰止咳，帮助消化，恢复体力强
　　　　　　化免疫系统，并治疗肠胃胀气。

### 4. 洋甘菊

【花语】苦难中的力量。

【使用方式】家居、茶饮、护肤、薰香、药用。

【药用部位】茎、叶、花。

【闻香小品】温和的菊花香。

【药用疗效】舒缓情绪，提升睡眠质量；缓解头痛、偏头痛或感冒引起的肌肉痛，对中和胃酸、舒缓神经有帮助。

## 二、香草——唤醒肌肤的自信新生

　　利用芳香植物进行调理，不仅能够滋润皮肤，调节新陈代谢，使人心情舒畅，提高人体的自然免疫力，无疑是一种解除压力的好方法。另外，无论是埃及艳后的惊艳还是杨贵妃的妩媚，都离不开芬芳气味，这给予了后世人们无限遐想。

　　人工香精是刺激肌肤、导致肌肤敏感的元凶。相反，纯天然植物萃取的天然精油不仅香味怡人，本身还具有舒缓镇静肌肤的功效，能有效缓解肌肤敏感脆弱症状。每一天，和天然香草私密相处，迷人的味道从内而外散发，带来愉悦、自信、新生。

## 1. 罗马甘菊

【花语】不屈不挠。

【使用方式】护肤、沐浴、盆栽、家居、茶饮。

【药用部位】叶、花。

【闻香小品】似苹果的水果香气。

【药用疗效】杀菌、养颜、治疗痤疮；改善皮肤干燥；帮助改善失眠现象。

## 2. 女士薰衣草

【花语】等待爱情。

【使用方式】盆栽、家居、茶饮、护肤、薰香。

【药用部位】叶、花。

【闻香小品】浓郁的木质香。

【药用疗效】舒缓压力、缓和头痛、使口气清新，亦可用于泡澡和护肤美容，具收敛效果。

## 3. 红女王西洋蓍草

【花语】安慰。

【使用方式】护肤、烹饪、家居、茶饮。

【药用部位】叶、花。

【闻香小品】较为特殊的香气，一般与其他香草产品混合使用。

【药用疗效】茶饮可促进消化，保养上可以浸泡西洋蓍草的叶子当作脸部喷雾或调理水。

## 4. 快乐鼠尾草

【花语】幸福的家庭。

【使用方式】护肤、沐浴、家居。

【药用部位】花苞、花。

【闻香小品】带有药草的气息，又带点坚果香，有些厚重的感觉。

【药用疗效】很好的控油性能，具有抗炎、抗菌、收缩毛孔、紧实肌肤等多重护肤美容的效果。

三、香草——不伤身的草本医生

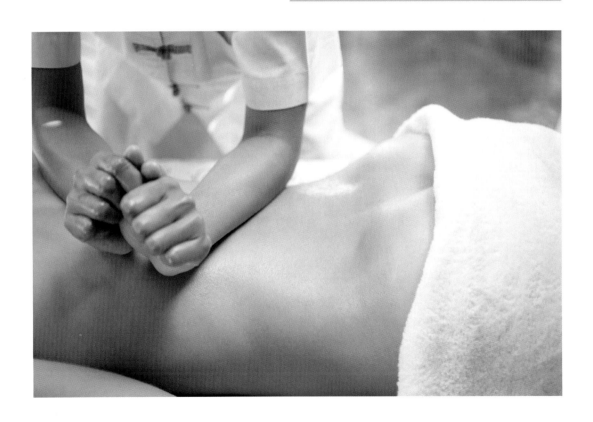

与中医使用草药治疗疾病一样，西方也有自己的草本医学，又称之为香药草医学。西方的草本医学发源于埃及，后经古希腊人和古罗马人传播到欧洲各地。西方的香药草医学除了大量运用传统生长于西方的芳香植物外，也包括由东方传至西方的香药草，如肉桂、肉豆蔻、丁香等，尤其是中医学中的草本疗法及古印度的梵文医学也有部分融合于西方的香药草医学内。

19世纪以后，由于化学药物（即现在我们所说的西药）的发明与广泛运用，香药草医学渐渐被人们淡忘。但因西药的药性强，对人体细胞组织有强烈的破坏性，使得近年来西方人士逐渐认识到草本植物天然疗法的好处，它对人体细胞组织具有很好的理疗性，但对人体的伤害却比西药少了许多，因此正在重新得到人们的青睐。

## 1. 神香草

【别名】柳薄荷。

【花语】净化、洁净。

【使用方式】食用、调味、酿酒、茶饮、药用。

【闻香小品】薄荷一般的清香，以及美丽的花穗。

【药用部位】茎、叶、花。

【药用疗效】可增进食欲、帮助消化、去痰杀菌功用。浸出液有镇定的功能，可治感冒、支气管炎。

## 2. 勿忘我

【别名】星辰花、补血草、巩松。

【花语】永恒的爱、浓情厚谊、永不变的心。

【使用方式】茶饮、药用。

【闻香小品】稀少的无香香草。

【药用部位】花。

【药用疗效】美白皮肤、清肝明目、滋阴补肾，并能促进肌体新陈代谢，提高免疫力。

## 3. 香紫苏

【别名】南欧丹参；香丹参；麝香丹参；莲座鼠尾草。

【使用方式】提取精油、家居、药用。

【闻香小品】柔和的药草香、琥珀香。

【药用部位】茎、叶、花。

【药用疗效】有发表散寒、理气宽中的功用，另外也有一定的解毒效果。

## 4. 柠檬香茅

【别名】柠檬草、香茅草。

【花语】开不了口的爱。

【使用方式】调味、茶饮、药用。

【闻香小品】柠檬般的清凉淡爽香味。

【药用部位】茎、叶。

【药用疗效】具有强力的杀菌剂效果，

可预防各种传染病；

对于胃痛、腹泻、头痛、感冒

也有一定的疗效。

# 乡村里的音籁

徐志摩

小舟在垂柳荫间缓泛，

一阵阵初秋的凉风，

吹生了水面的漪绒，

吹来两岸乡村里的音籁。


我独自凭着船窗闲憩，

静看着一河的波泛，

静听着远近的音籁

又一度与童年的情景默契！


这是清脆的稚儿的呼唤，

田野上工作纷纭，

竹篱边犬吠鸡鸣，

但这无端的悲鸣与凄婉！


白云在蓝天里飞行，

我欲把恼人的年岁，

我欲把恼人的情爱，

托付与无涯的空灵消泯。


回复我纯朴的，美丽的童心，

像山谷里的冷泉一勺，

像晓风里的白头乳鹊，

像池畔的草花，自然的鲜明。

第**3**章

# 【品香侍香】

## 涤荡空气和心情的精灵

将香吹散，散了纵横的牵绊

公元前 2800 年的古埃及莎草纸文献中，就载有以香草作为医疗用途的使用记录。在巴比伦王国的黏土板遗迹中，也曾发现刻有香草的名单。而埃及女王古丽奥佩脱穿着香草浸染的衣物，并以香花包浸浴，甚至制造香草精油的故事更是名闻于世。

当香草由古埃及传到希腊后，藉由希波克拉提斯收集的 400 余种香草配方与迪奥斯科里斯撰写《药物论》一书的努力，正式确立了香草在医疗领域的地位。之后，香草传向古罗马帝国，被应用在疗愈士兵伤口与提高军队士气等方面。并随着古罗马帝国领土的扩张，香草文化在欧洲也迅速传播开来。

进入中世纪后，香草成为贵族的生活用品。十字军远征时，再度将各式各样的珍贵香草带入欧洲，并在贵族邸馆中建造香草花园。进入 16 世纪后，在文化与文艺复兴的同时，香草文化也随之急速发展，香水与焉诞生。此后，香草的利用方法也日渐成熟。时至今日，香草无论是在美容塑身、保健医疗，还是在烹饪茶饮、工艺制作中，都有着非常不俗的表现哦！

Tips：香草大多具备药性，孕妇、婴孩及过敏体质的朋友不适使用。

## 一、香草茶饮——芳香、营养、药用、色彩并举的饮料

　　欧洲人早在 300 年前已经有意识选择一些色香味俱全，又有一定保健功能的植物调配成日常饮料，称为芳草茶或香草茶（Herb Tea），并且渐渐将香草茶发展成一种休闲情趣饮品。这股风气很快传遍欧洲，继而传入美国、日本，近年又在中国港台乃至大陆风行。

　　香草茶全部以香草入茶，所以具有一定的保健功能但不是通常的"苦口良药"，而是非常香甜。其特点是芳香性、营养性、药用性、色彩性并重，饮用时让人仿佛置身美丽的大自然，身心都得到松弛，所以颇受节奏紧张的都市人的欢迎。偷闲挑选一个安谧的角落坐下来，放上一曲柔和的音乐，泡上一壶充满自然气息的香草茶，再搭配一盘清淡爽口的点心，或独自捧读，或三五好友轻谈浅笑，让疲惫的心灵得到休憩，都是不错的选择。

## 1. 香草蜂蜜柠檬茶

　　有时候，香草也需要用清凉的柠檬来刺激一下，才不会太让
人发腻。况且蜂蜜本来就不适合用热水来冲泡。春天的太阳，让
人暖洋洋地想睡觉，这杯冰爽的香草蜂蜜柠檬茶会马上激活精力，
点燃无限畅想。

## 2. 香草椰奶茶

　　香草和椰子散发出来的都是一种暖香，所以两者在一起是绝
妙的搭配。可以在香草红茶中直接加入椰奶，如果觉得
奶香不够浓郁，也可以尝试用椰奶代替水来煮香草红茶。
用椰奶煮香草红茶时要小心照看，接近沸腾时要
拧小火并不停地搅拌，让茶叶和香草的味道充分
发挥。

### 3. 香草红茶

香草红茶是最常见的香草茶品之一，就像绿茶适合茉莉花一样，香草的味道用红茶体现就最好。如果不习惯红茶微微的苦味，可以适量加一些糖。建议在储糖罐里插上一棵香草，整罐的糖都会被熏成有香草的甜美味道，这样在饮茶加糖的时候会更加协调。

### 4. 柠檬紫苏红茶

独特的草香能中和红茶天然带有的涩味，而紫苏内含的相似于柑橘类的香味又能与柠檬的味道吻合。紫苏的味道中有独特的辛香，能除寒毒，清痰利肺，很适合在秋天食用。不仅可以用来泡茶，也能出现在各式料理中。

# 品香侍香

## 二、香草保健——最亲近自然的芳香疗法

芳香疗法自古就有了。传说古埃及美丽的女王克娄巴特拉就常常用芳香植物作成美容品来保持她的魅力，我国唐朝的杨贵妃每日用芳香植物浸泡的香汤沐浴，以保养皮肤增添身上的香气。在文艺复兴时期的西方，有一种在妇女中流传很广的"匈牙利女王的水"，就是用多种香草混合制成。据说女王每日用它，常葆青春美丽。

芳香植物能够通过自然的香氛调和人的情绪，给人以愉悦的感受，从而建立积极的生活观，达到调节免疫系统，对身心产生神奇的积极作用。在家中，我们可以利用芳香精油或者芳香植物的根茎叶来进行芳香疗法，调理身心，感受贴近大自然的感觉，在自然的植物香氛中，放松神经，省思自我与自然的关系，得到身心的和谐和健康。

## 1. 芳香精油调理

利用芳香植物进行调理，不仅能够滋润皮肤，调节新陈代谢，更使人心情舒畅，提高人体的自然免疫力，无疑是一种解除压力的好方法。另外，无论是埃及艳后的惊艳还是杨贵妃的妩媚，都离不开芬芳气味，这给予了后世人们无限遐想。

## 2. 天然香草香氛

人工香精是刺激肌肤、导致肌肤敏感的元凶。相反，纯天然植物萃取的天然精油不仅香味怡人，本身还具有舒缓镇静肌肤的功效，能有效缓解肌肤敏感脆弱症状。每一天，和天然香草私密相处，迷人的味道从内而外散发，带来愉悦自信新生。

## 3. 时尚熏香

现代的熏香，除了美容及嗅觉功用外，又增加了治疗心疾、强身健体的功效。在空气污染日益严重的今天，它又因神奇的净化空气之功效成为人们的新宠，对于时尚男女而言，更是一种新贵的象征。

## 4. 肌肤护理

利用香草精油杀菌、安神、淡化瘢痕等基本特性，延伸出香草身体乳、沐浴乳、洗发露等系列产品，不仅有良好的洁净效果，还能有效的滋养肌肤，在护理肌肤时特有的香草精油香味则可以有效地调节情绪，起着特别的安神作用。

## 三、香草家居——别致温馨的饰物

　　香草由于本身透着朴素、优雅的风格，因此非常适合进行手工艺制作。国外的香草家居用品和饰品种类繁多，其枝叶经干燥后，可加工成干花、安眠香枕、装饰香囊、香草沐浴包、香草布艺、玩具、蜡烛等。让香草走进家居，装点、美化生活环境，一股悠悠淡香营造出家庭温暖的氛围。

# 品香侍香

## 1. 安眠香枕

　　香草枕采用天然香草干花为原料，并以科学的配比加入柔软的填充物以及对人体具有保健作用的天然植物，经科学处理、消毒后香枕味道更加清雅悠长，能够有效地迅速调节紧张情绪，悠然入梦。

## 2. 香草香包

　　天然香草制成香包，雅致大方，家居应用百搭小饰品，无论是在抽屉、衣柜、挎包、卧室或是车子里，都非常适合。而且香味持久，天然的香草味道，绝对不刺鼻，满满的围绕开来，让家里温暖起来！

## 3. 香草手工皂

香草手工皂之所以成为一种崇尚自然的首选护肤品，不仅因为它温和无刺激的效果、多变可爱的造型，更重要的是手工皂天然环保，馨香持久。对很多了解手工皂的亲来说，它也当之无愧的成为一种新生的护肤保养用品。

## 4. 香草蜡烛

香草蜡烛无疑是制造情趣的最佳拍档。无烟，燃烧持久。火光微微跳动中，持续散发着雨后芬芳的香草气息，如丝般释放我的激情。

## 5. 香草干花

　　香草干花不仅是情调装饰的选择，其散发出的持久香气，足以弥散到整个房间，带来整个室内氛围的改变。另外，香草干花种类众多，可需要依据其功效来确定，香味较浓的薄荷类香草、有提神促循环功效的迷迭香适合摆放在客厅，在卧室中的香草适合摆放有安神镇定作用的清雅香型，薰衣草则是最佳选择。

# 四、香草养成的几个诀窍

## 1. 香草家族成员多，不要挑花眼哦

香草种类众多，其中有些香气特别，国人较难接受，例如天竹葵；有些较不适合北方的气候，如柠檬草；还有些香气不浓，美容用的情形较多，例如芦荟。所以，按照个人的喜好选择栽培的香草，并了解特性是成功的第一步。

## 2. 适宜的栽培环境是收获芳香的关键

包括正确的栽培场所或是季节，在购买香草回来栽培之前，要先知道自己要在什么地方种植，家中是否有庭院？日照条件如何？土壤质地是否适宜？要种在花盆中或是可以直接种在地上？这些都是要先了然于胸，再由这些条件去选择所要栽培的香草种类，如果不清楚相关细节，购买香草时可以请店长帮您选择或是给您一些建议。

## 3. 细心、适当的照顾，香草精灵才会健康成长

香草是活的植物，栽培时绝不能缺少关爱哦，细心照顾香草才会得到馨香的回报。总体来说，香草一般较易种植，只要随时注意生长状况，每个人都可以试着在家中种植。照顾时，要先观察植物的状况再采取适当的作法，例如浇水时要等土壤稍微干后再浇水，以免根部窒息而死；一些叶片肥厚的种类也不要浇太多水，适度的干燥有助于植株发育；在快速生长的时期，用一些有机肥放在土壤表面，浇水时肥分渗入根部吸收有助于生长发育良好。

## 4. 纯天然，才是最好的

新鲜香草使用时都是生食或短暂加热而已，含有农药成分的话对健康会有不良影响。在虫害方面，香草本身含有特殊的气味，对害虫本身具有一定的趋避作用。为保证香草健康成长，也可以防虫网罩住隔离。病害的防治则以预防胜于治疗，不要使用栽培过的旧土去种香草，另外就是在合适的环境或季节栽培香草，植株强壮自然能够抵抗病害的侵袭。

## 五、香草 DIY，定制最特别的专属香气

　　两个人的时候，坐在阳台的摇椅上，夕阳的余晖透过玻璃窗，洒下一地的温暖。DV 里的曼妙音乐轻轻传递出《香草天空》里那些浪漫的情话。不妨幻想下，在那个漫山遍野香气浮动的地方，男子挽起衣袖，小心翼翼拿起刚刚采摘的香草，精心做着香草 DIY。是一瓶独特气味的香薰挂链？是一块滑腻的香草精油皂？还是淡淡清甜的美味布丁？哦，可能那只是一封散着浓浓香气的情书。不论是什么，它，专属于那个自己深爱着的女子。

# 芳香精油巧提炼

芳香精油的提取有多种方法,此处我们简单介绍几种,喜爱芳香精油的 MM 和 GG 们,仔细看好咯。

## 【蒸馏法】

这种提炼方法非常方便,就是把原料与水一起煮沸,又或者利用蒸气方式加以提炼。芳香精油中的天竺葵、薰衣草、胡萝卜、洋甘菊、尤加利等都是用此方法提炼而来的。

## 【吸香法】

其原理是利用油脂可以吸附油剂的物理性质来提炼芳香精油。芳香精油中的茉莉、玫瑰、橙花等就是经此法提炼而成的。

## 【浸泡法】

先把花瓣或树脂等放进已盛了液态油脂的容器内,把容器加热,植物细胞组织受热后便会缓缓地分裂,植物内的精油随之分解出来,这些芳香精华成分便被液态油脂所吸收。芳香精油中的乳香、没药、檀香等就是经此方法提炼而来的。

## 【压榨法】

把果实放进一个内壁布满了长钉子的容器内,滚动整个容器,果实便被四周长钉子戳穿,使汁液流进另一个收集容器中,经离心机将精油分离出来。芳香精油中的柠檬、柑橘、佛手柑、青柠、葡萄柚皆由压榨法提取而来。

## 【溶解法】

利用酒精、醚液态丁烷……等溶剂,反复淋在需要萃取的植物上,然后用电热方式慢慢加热,使其溶液萃取出原料内的精油,再将含有精油的溶剂用酒精搅拌、冷却、分离解析,以低温蒸馏即可得到精油。这是最新的萃取方式,可用来取代吸香萃取法。

亲们,你们学会了吗?为了让大家更清楚明了,我们就一起来动手做一个玫瑰精油吧!

## 1. 玫瑰精油的提取

【工具 / 原料】

精油提取设备、新鲜玫瑰花

【步骤 / 方法】

Step1. 发酵。用 15% 的食盐将玫瑰花浸泡起来，一方面使玫瑰花不致腐烂变质，另一方面可以使鲜花中的油扩散出来。

Step2. 蒸馏。将盐水浸过的玫瑰花 30kg、盐水 60kg 放入蒸馏瓶中，进行常压蒸馏。釜温控制为 105℃ ~106℃；馏出液冷凝后的温度为 28℃ ~36℃。当馏出液无香味或将冷凝液滴在玻璃板上，无油滴出现时即可停止蒸馏。

Step3. 油水分离。馏出液流经油水分离器后，玫瑰中不溶于水的部分集中浮于分离器上部，隔一昼夜后用网匙取出，收集在磨口玻璃瓶中；留待集中精制。

Step4. 吸附。从分离器流出的馏出液经过三个串联的装有活性炭的吸附柱进行吸附。活性炭吸收精油饱和后，将第一个柱移去并将活性炭收集于密闭玻璃容器中留待浸提；再把吸附柱前移，把盛新鲜活性炭的吸附柱放于第三位。

Step5. 浸提。用有机溶剂对活性炭进行浸提。第一次浸泡 4~6 小时，以后每次 2 小时，共 12 次。活性炭中的油浸提完后，将其中的有机溶剂蒸出，可循环使用。

Step6. 粗蒸。采用易燃溶剂蒸馏方法对浸液进行蒸馏，水浴温度控制在 60℃以下。

Step7. 减压共沸精馏。加入无水乙醇，对粗蒸残余物进行减压共沸精馏。真空度为 99.3kPa；水浴温度 ≤ 60℃。精馏完毕产品再经精制即为玫瑰精油。

## 2. 精油香皂精雕琢

【材料】

（1）皂基：市面上出售的无色无味的香皂原料；

（2）精油：按照使用目的或者个人喜好，选用 1 种以上（100g 皂基可放 5 ~ 10 滴单方精油）；

（3）草药：可以装饰性地埋入皂中，也可以制成粉末为香皂着色。

【步骤】

Step1. 将皂基切成片状放入烧杯中（也可用汤锅）；

Step2. 用微波炉将皂基块熔化（也可用汤锅，中小火就可，大火容易起泡，熔化后关火）；

Step3. 加入精油，100g 皂基可放 10 滴单方精油；

Step4. 用玻璃棒（或筷子）均匀搅拌；

Step5. 加入着色的草药后（可用姜黄粉末）或玫瑰花瓣，均匀搅拌。如果没有也没关系，主要起颜色装饰；

Step6. 色彩均匀后将其注入香皂模子（也可用常见的塑料模盒子）；

Step7. 常温下放置 1 ~ 2 小时，利用冰箱 30 分钟即可凝固。从模具中取出，干燥数日后即可。

## 3. 香囊 DIY

【传统寓意】

清香、驱虫、避瘟、防病、致爱。

【材料】

碎布、棉花、香料粉、丝线（或中国结细线）、剪刀、针、线。

【工具】

剪刀、针、缝衣线。

【步骤】

Step1. 将碎布画上自己喜欢的形状，如：圆形、三角形、桃形等。

Step2. 剪下相对的两片。

Step3. 用线将三边从反面缝合，留下一边。

Step4. 翻过来，塞入沾有香料粉的棉花。香料粉根据需要自己选择。

Step5. 将最后一边缝合，再加长绳装饰即完成。

不同的香囊会有不同的功效哦，现在就让亲们大开眼界，让你拿起那些香囊就爱不释手。

## 4. 中药香囊

【组成】

藿香、艾叶、肉桂、山萘等各等量。

【功效】

芳香化浊辟秽，清热利湿解毒。

【制法】

将处方中各味药洁净处理，去除杂质，烘箱60℃下干燥后，在洁净区内将药材混合粉碎至100目以上，有条件者粉碎至1000目（采用微粉粉碎法），将粉碎的药粉包装成4g/袋，再制成香囊袋剂。

【用法】每人1个（3.5g/个），每天挂前胸佩带，晚上睡觉时放置枕边。

## 5. 冠心病外用药袋

【组成】

玄参，当归，菖蒲，花椒，桂枝，薤白，冰片，三七等各适量。

【功效】

防治冠心病。

【制法】

上药干燥，粉碎，过筛混合搅拌均匀，做成药袋，放置左胸前，并时时以鼻嗅之。

## 6. 防蚊虫香囊

【组成】

丁香、薄荷、薰衣草、七里香。

【功效】

驱蚊，还有一定的安神、暖人肠胃的作用，睡觉也会很香甜。

【用法】

磨研、提炼成粉状，缝制成香包。

## 7. 香薰蜡——燃烧的芳香

【材料】

（1）蜜蜡 150g( 在专门店有售 )。

（2）自己喜欢的芳香精油 (10~30 滴 )。

（3）造型模子或是小纸盒、小纸杯。

【工具】

隔水加热时用的锅子、灯芯 ( 略粗的棉线 )、筷子、胶带。

【步骤】

Step1. 将蜜蜡放入耐热容器隔水加热。如果希望您的蜡烛能有些颜色，此时可以放入一些蜡笔屑染色。

Step2. 把灯芯用胶带固定在模型或纸盒、纸杯的底部后，再把灯芯拉直，并将灯芯的另外一端卷在筷子上，并把筷子架在模型或纸盒、纸杯上。

Step3. 缓缓的将熔化后的蜜蜡倒入模型或纸盒、纸杯中，等到周围变成薄薄的白色时，加入 10~20 滴自己喜爱的精油。

Step4. 等到蜜蜡完全凝固且变凉以后，把它从模型或纸盒、纸杯中取出，并把灯芯剪成适当长度后就大功告成了。

【功效】

舒缓精神，净化空气、清除空气中的细菌，生活情趣的催化剂。

# 我的名字
## 普希金

我的名字对你有什么意义？
它会死去，
像大海拍击海堤，
发出的忧郁的汩汩涛声，
像密林中幽幽的夜声。

它会在纪念册的黄页上
留下暗淡的印痕，
就像用无人能懂的语言
在墓碑上刻下的花纹。

它有什么意义？
它早已被忘记
在新的激烈的风浪里，
它不会给你的心灵
带来纯洁、温柔的回忆。

但是在你孤独、悲伤的日子，
请你悄悄地念一念我的名字，
并且说：有人在思念我，
在世间我活在一个人的心里。

第**4**章

【唇齿留香】餐盘上的魔法师

喜"馨"厌旧
让舌头来一次出轨

# 一、香草大餐
## 餐桌上舞动的芬芳

著名的奥斯卡金曲《斯卡布罗集市》中，有一句

"欧芹、鼠尾草、迷迭香和百里香 (Parsley，sage，rosemary and thyme)"……

旋律反复不已，令人难忘。

歌中所唱的香草，都是西式美食不可或缺的材料。

在我们的厨房里，葱、蒜、花椒、大料、五香粉必不可少；

但在西方人的厨房里，

紫苏、罗勒、莳萝、迷迭香、马郁兰、百里香等香草同样必不可少。

这些香草的气息，如同美食魔法师手中完美的道具，

充满了激发食物鲜味的魔力。

无论是在中式料理还是西式美食中，

香草默默在餐盘中施展魔法，

使食物表现出更多的味觉层次，和更加丰富、生动的内涵。

当舌尖与美食接触的刹那，

既是唤醒味蕾上的萌动，

更是演绎一段有机、自然、趣味盎然的

美味人生。

### 1. 香草煎猪排

【原料】猪里脊肉 1 块，洋葱 1 个，胡萝卜 1 根，黄瓜 1 根。

【辅料】鸡蛋两个，香草碎 30g，黑胡椒少许，红酒 1 勺，猪排粉或者面包糠适量。

【做法】

（1）猪里脊切薄片，大约 1cm，然后用刀背或者肉锤反复拍打，将肉片拍松；

（2）倒上红酒，加大约 15g 香草碎，适量黑胡椒粉和盐，将猪排腌制 20 分钟左右；

（3）胡萝卜、黄瓜、洋葱切丁，备用；

（4）锅烧热后，倒入适量橄榄油，下入洋葱炒 2 分钟，炒出香味；

（5）下入胡萝卜和黄瓜，加适量盐，撒下其余香草碎，翻炒均匀，炒熟后盛在盘中；

（6）将猪排沾一点鸡蛋液，再沾一点猪排粉或者面包糠；

（7）锅里油烧热后，再下入猪排，煎至两面金黄，肉熟透即可。

Tips：吃的时候根据个人口味，可以撒点胡椒粉或者番茄酱。

## 2. 迷迭香炖鸡

【原料】鸡块 400g。

【辅料】洋葱 1 个，红萝卜 1/2 个，迷迭香粉 1/4 匙，蘑菇 30g，红酒、蒜头、盐、胡椒粉、高汤各适量。

【做法】

（1）鸡块洗净抹干；

（2）将洋葱、蘑菇切片备用；

（3）红萝卜去皮、切块，蒜拍扁切碎；

（4）鸡块用油煎炒至金黄色，放置盘内，撒少许的盐及胡椒粉；

（5）锅内留少许油，油热后爆香蒜头；

（6）加入红萝卜、蘑菇、洋葱及迷迭香粉、红酒，炒 3 ~ 5 分钟；

（7）加高汤烧开后，加入鸡块，加盖用小火炖 1 小时即可出锅。

## 3. 香草柠汁鸡扒

【原料】鸡扒 2 块、番茄 2 个。

【辅料】白酒 1 匙，盐、栗粉、麻油、胡椒粉、黑椒粉各少许。

【做法】

（1）鸡扒切除多余油分，洗净沥干；

（2）鸡扒上洒少许盐、黑胡椒抹匀，腌 15 分钟；

（3）不用加油，把鸡扒下锅慢火煎熟；

（4）先煎有皮那一面，待鸡皮出油后继续煎另一面；

（5）煎至表皮香脆金黄，能以筷子穿过即可上碟；

（6）最后按个人口味配上香草、柠檬汁、黑椒粉适量即可。

## 4. 香草烤鸡翅

【原料】鸡翅 8 个。

【辅料】薄荷 4 片、罗勒叶 3 片、百里香 2 支、柠檬皮 30g、蒜末 20g、白葡萄酒 1 勺、黑胡椒碎少许、
细盐少许、柠檬汁数滴。

【做法】

（1）柠檬皮、薄荷叶和罗勒叶切成丝，摘百里香叶留用；

（2）洗净鸡翅，用厨房纸吸干水分，正反两面各切数刀；

（3）将鸡翅放到保鲜盒中，在上面撒上切碎的香草碎；

（4）放入柠檬皮丝和黑胡椒碎；

（5）放入大蒜末、白葡萄酒、柠檬汁；

（6）调入食盐拌匀，放入冰箱冷藏腌制 24 小时；

（7）隔天，取出鸡翅，用锡纸包好；

（8）放入烤箱，200℃烤 25 ~ 30 分钟，中途要记得翻面。

Tips：锡纸包鸡翅时，把香草碎和柠檬皮丝垫在鸡翅下面，

不仅入味还可以防止粘连。

## 5. 小香葱莳萝烤加吉鱼

【原料】加吉鱼一尾约 750g。

【辅料】小香葱 3 根、鲜莳萝 3 根，酱油、料酒适量。

【做法】

（1）加吉鱼洗净，餐纸蘸干；

（2）用刀在鱼肉两边各斜切三至四刀；

（3）小香葱、莳萝切段备用；

（4）加吉鱼放在锡纸上，将葱段、莳萝段围绕着码放，并镶嵌于切口处；

（5）洒上酱油、料酒，包好，腌制 1 小时；

（6）烤箱预热至 220℃，放入锡纸包好的加吉鱼烤 25 分钟；

（7）烤箱温度降至 150℃，烤 10 分钟。

小贴士：此种做法也适用于其他鱼类，调料可随意搭配。

### 6. 百里香沙朗牛排

【原料】沙朗牛排 1 片约 250g。

【辅料】新鲜百里香 3 枝，盐少许，黑胡椒粉少许，意大利陈年醋 1 匙，红酒牛肉汁 2 匙，香草高汤 3 大匙。

【做法】

（1）百里香取叶去梗备用，牛排均匀抹上盐及黑胡椒；

（2）将牛排放入锅中，大火将双面略煎锁住肉汁；

（3）放入预热好的烤箱烤至个人喜好的熟度（建议以 200℃烤 3 分钟，约 5 分熟口感最佳）；

（4）将百里香叶及其他辅料全部放入煎牛排的余油中，小火熬煮成浓稠的酱汁，淋在牛排上即可。

Tips：红酒牛肉汁的做法

①将 300g 蒜头、1800g 牛骨（或牛筋）、4 个洋葱（切丝）、1 根红萝卜（切小块）、4 枝西洋芹及适量的黑、白胡椒粒一起放入烤箱 180℃烤制 30 分钟后；

②倒入大锅中并加入 1 瓶红酒、1 束百里香、6 片月桂叶一起用小火熬煮 12 小时；

③再放入 1 罐番茄糊，继续熬煮 24 小时后将所有材料滤出，保留汤汁即可。

## 7. 薰衣草猪肋排

【原料】猪肋排 600g，柠檬 1 个。

【辅料】新鲜薰衣草 6 枝 ( 每枝约 15cm )，干薰衣草花 1 匙，番茄酱 3 匙，烤肉酱 3 匙，烟熏油 1 匙，小茴香粉 2 匙，

黑胡椒 2 匙，白砂糖 1 匙，橄榄油 3 匙，白酒 2 匙。

【做法】

（1）猪肋排用刀斜划几个井字刀痕以便腌料入味，柠檬洗净榨出原汁备用；

（2）将柠檬汁及辅料全部拌匀成腌料；

（3）猪肋排用腌料抓腌 3 ～ 5 分钟后，放入冰箱冷藏 12 小时以上；

（4）将腌好的猪肋排放入预热好的烤箱，180℃烤 45 分钟；

（5）烤制过程中，将肋排左右翻转数次，使其均匀受热，烤制成功。

Tips：这道猪肋排很适合搭配"香草沙拉酱"（SALSA），做法是将红番茄去皮去籽切丁后，依个人口味加入适量
的番茄酱、TABASCO辣椒汁、白砂糖、柠檬汁、切碎的新鲜薰衣草及薄荷、洋葱细丁、白胡椒粉，全部拌匀即可（放
入冰箱冷藏，可保存 1 周）。

### 8. 迷迭香烤洋芋

【原料】马铃薯 1 个。

【辅料】熏肉末适量，新鲜迷迭香少许，鸡粉少许，乳酪丝适量。

【做法】

（1）马铃薯用水煮至 8 成熟后横剖成两半（不必去皮）；

（2）将马铃薯中心部分的肉挖出留用，保留厚度约 0.5cm 的马铃薯皮备用；

（3）迷迭香切碎备用；

（4）少许油略炒，再加入挖出的马铃薯肉、迷迭香碎及鸡粉拌匀，制成馅料；

（5）将处理过的馅料填入马铃薯皮的中空处，上面撒适量乳酪丝后放入烤箱，烤至表面上色即可。

### 9. 罗勒炸虾

【原料】草虾 6 只，低筋面粉 120g。

【辅料】新鲜罗勒叶 8 片，鸡蛋 2 个，泡打粉 1 小匙，盐适量。

【做法】

（1）草虾洗净后保留头尾，仅剥掉中段虾身的壳；罗勒叶切丝备用；

（2）将处理过的罗勒丝及其他辅料放入面粉中，均匀搅拌，制成炸虾面糊；

（3）将处理好的草虾蘸上面糊，放入锅中油炸至金黄酥脆状即可。

Tips：罗勒炸虾可蘸香草盐一同享用，或搭配日式酱汁，做法是将 100ml 酱油、80ml 清酒（或米酒）、2 片姜、一朵烫过的干香菇、适量白萝卜泥、少许鸡粉及白砂糖调匀即可。

唇齿留香

## 10. 迷迭香鸡排

【原料】去骨鸡腿 1 只。

【辅料】橄榄油少许，新鲜迷迭香 6 枝，

盐少许，意大利综合香料 1 小匙，

白酒少许，柠檬汁少许，胡椒粉少许，蒜蓉少许。

【做法】

（1）鸡腿洗净沥干后，侧面用刀轻划几道十字；

（2）迷迭香切碎备用；

（3）将除橄榄油外的其他辅料放入，均匀搅拌后抓腌鸡腿；

（4）处理过的鸡腿放入冰箱，冷藏 2 小时以上；

（5）起油锅，将鸡腿放入锅中煎熟，也可直接将鸡腿肉放入烤箱中以

180℃烤 10 ~ 15 分钟即可。

Tips：因为鸡腿肉较厚，煎的时候火不要开太大，否则表面易焦。

## 11. 迷迭香牛小排

【原料】牛小排 2 片。

【辅料】新鲜迷迭香 2 枝，香草高汤 3 匙，番茄酱 1 匙，无盐奶油 1 匙，鲜奶油 1 匙，
　　　　意大利陈年醋 5ml，盐少许，青胡椒粒（未研磨）10 粒，红胡椒粒（未研磨）
　　　　10 粒，黑胡椒粉少许。

【做法】

（1）迷迭香去梗，只留叶子；在牛小排上各铺上一半份量的迷迭香叶备用；

（2）用大火略煎，先煎有迷迭香的那一面，待肉色略显焦黄时翻面再煎；

（3）煎牛小排时用盐及黑胡椒调味，双面略煎锁住肉汁后，放入烤箱依个人喜好烤至适当的熟度；

（4）将除迷迭香及黑胡椒粉外的全部辅料放入煎牛小排的余油中，小火熬成浓稠状的酱汁，淋在牛小排上即可。

Tips：牛小排不能烤太熟，建议以 180℃烤 3 分钟（约为 5 分熟）口感最佳。

唇齿留香

## 12. 罗勒中卷沙拉

【原料】中卷条适量，青椒条适量，红甜椒条适量，黄甜椒条适量、红番茄片（半圆形）适量。

【辅料】新鲜罗勒叶 7 ~ 8 片，橄榄油 100ml，意大利陈年醋 100ml。

【做法】

（1）锅中放入适量清水、少许盐及白酒煮滚，再放入中卷条氽烫后捞起备用；

（2）罗勒叶切碎后与橄榄油、陈年醋拌匀成酱汁（若能冷藏一晚风味更佳）；

（3）将青椒条、红甜椒条及中卷条混拌后盛盘，四周排放红番茄片，再淋上酱汁即可。

### 13. 香草焦糖双桃沙拉

【原料】水蜜桃 1 个、核桃仁 30g。

【辅料】细砂糖 30g、清水 15g、细盐少许、混合香草少许、酸奶少许。

【做法】

（1）细砂糖放入锅中，加入少许清水，小火慢慢熬至焦糖色；

（2）加入核桃仁，小火不断翻拌，直到糖汁收干，晾凉待用；

（3）桃子先用淡盐水浸泡片刻；

（4）将桃子洗净，切成 2cm 见方的块状；

（5）将桃子和焦糖桃仁放入碗中；

（6）加入少许混合香草、少许酸奶调味即可。

Tips：拌沙拉时，可以加少许细盐，可以使桃子吃起来更加清甜。

### 14. 罗勒墨鱼面

【原料】意大利墨鱼面160g,洋葱丁适量,蒜末1大匙,墨鱼圈150g,白酒少许,罗勒叶20片,黑胡椒粉少许,乳酪粉适量。青椒丁适量,红甜椒丁适量,黄甜椒丁适量,新鲜墨鱼汁适量。

【做法】

（1）锅中放入适量清水、少许橄榄油及盐煮沸,放入意大利面煮约7分钟;

（2）将面盛起用冷水冲一下,再淋入少许橄榄油拌匀;

（3）用橄榄油爆香洋葱丁及蒜末,再放入墨鱼圈略炒;

（4）淋少许白酒,后加入10片甜蜜罗勒叶、黑胡椒粉及香草高汤,煮滚后加盐调味;

（5）放入墨鱼面及其余材料,拌炒均匀;

（6）起锅前再加入10片甜罗勒炒匀后盛盘,撒上乳酪粉即可。

Tips: 将新鲜墨鱼的胆囊割开, 便可挤出黑色的墨鱼汁, 烹调前可先将墨鱼与少许米酒用小火略炒以去除腥味。

## 15. 百里香鲑鱼炒饭

【原料】鸡蛋 1 个，白饭 1 碗，鲑鱼 60g。

【辅料】新鲜百里香 3 ~ 4 枝，萝蔓生菜 2 片，洋葱丁适量，葱末适量，黑、白芝麻少许，盐适量，黑胡椒粉少许。

【做法】

（1）鲑鱼切丁备用，百里香取叶去梗，萝蔓生菜切丝备用；

（2）热油锅，先将蛋炒熟，再加入洋葱丁、葱末及鲑鱼丁炒至半熟；

（3）放入百里香叶及白饭，随后加入芝麻、盐及黑胡椒粉炒匀；

（4）起锅前加入萝蔓生菜丝略炒即可。

Tips: 米饭要炒到粒粒松散分开，看起来泛晶莹油光时效果最佳。

## 16. 迷迭香提焗烤海鲜饭

【原料】①洋葱丁少许，蒜末少许，新鲜迷迭香1枝，蛤蜊适量。②花枝圈适量，干贝适量，去壳虾肉适量，扇贝适量。③黑胡椒适量，白酒少许，香草高汤240ml，鲜奶油2大匙，盐少许。④青椒丁适量，红甜椒丁适量，黄胡椒丁适量。⑤调匀的玉米粉水少许，白饭1碗，乳酪丝适量。

【做法】

（1）锅中倒入适量橄榄油烧热，先爆香洋葱丁及蒜末；

（2）放入迷迭香及材料②炒匀，再加入材料③拌匀翻炒；

（3）最后放入材料④，小火熬煮至入味；

（4）熄火前用调匀的玉米粉水勾芡，焗汁完成；

（5）将白饭盛入盘中，先淋上焗汁，再撒上乳酪丝，送进烤箱烤至乳酪融化、微焦即可。

### 17. 罗勒番茄乳酪

【原料】红番茄 1 个，新鲜马芝拉乳酪适量，新鲜罗勒叶适量。

【辅料】洋葱细丁适量，橄榄油适量，意大利陈年醋适量，盐少许，黑胡椒粉少许。

【做法】

（1）将红番茄及马芝拉乳酪切成大小相近的圆片状（厚薄依个人喜好而定）；

（2）罗勒叶切碎后，加入全部辅料搅拌，制成酱汁；

（3）将红番茄片及乳酪片交叠排入盘中，淋上酱汁即可。

Tips：番茄酱汁的做法

①用橄榄油爆香 2 大匙的洋葱细丁及 1/2 大匙的蒜末；②再加入 2 个红番茄（去皮去籽切成丁状）、少许切碎的荷兰芹、1 小匙干燥奥勒冈略炒；③放入 500ml 的水（或香草高汤），小火熬制；④至汤汁约剩一半时，放入少许糖和个人喜好调味料，熬成浓稠状的酱汁即可。

## 18. 罗勒佛卡夏

【原料】高筋面粉 500g，新鲜罗勒适量。

【辅料】酵母 2 匙，温水 300ml，盐 1 小匙，橄榄油 3 匙，洋葱丝适量，乳酪丝适量，蜂蜜适量。

【做法】

（1）在温水里溶解酵母、蜂蜜，添加面粉、盐搅拌均匀；

（2）在搅拌均匀的面粉内加入 5ml 橄榄油，搅拌均匀，这个面团是非常湿的；

（3）覆盖保鲜膜放在温暖的地方发酵一个半小时；

（4）在烤盘上覆盖油纸或者直接在烤盘上涂适量橄榄油，将发酵后的面团摊在烤盘上，面上涂 5ml 橄榄油，稍微将面团推薄，整理成喜欢的形状；

（5）将整理后的面团继续发酵一个半小时，后撒上罗勒，将新鲜红提洗干净切成薄片，随意放在面团上面；

（6）烤箱预热 200℃，烤约 10~15 分钟，呈现金黄即可。

## 19. 香草蒜味曲奇

【原料】黄油 150g、低筋面粉 180g、糖 60g、鸡蛋半个、罗勒叶碎末适量（新鲜的，干燥的都可以）、奶粉 1 大匙、黑胡椒粉 1/4 小匙、辣椒粉 1/4 小匙、盐 1 小匙、蒜蓉 1 小匙、洋葱蓉 2 大匙。

【做法】

（1）黄油室温放软，加糖和盐打发，加入半个蛋拌匀；

（2）加入罗勒叶碎末、蒜蓉、洋葱蓉拌匀；

（3）低粉、奶茶粉、黑胡椒粉、辣椒粉过筛加入（2）中拌匀；

（4）烤箱 190℃预热，烤盘铺油纸，用裱花袋制作好饼干，后入箱烤 8~10 分钟；

（5）出炉后移到烤架上放凉后保存。

## 二、香草小吃，浪漫滋味的完美诠释

　　从园艺中"不说话的香水瓶"到口中洋溢着浪漫与满足的各式食品，香草和食品的结合更多来源于对生活的热爱，因为热爱生活，所以乐于把生活中最美好的感受延伸到每一处。从鼻中的浪漫馨香，到口中的满足滋味，香草一如既往地表现出色。或者可以说，香草带来的各式滋味，本身就是对浪漫者和乐观者的最佳褒奖。

## 1. 香草果冻

果冻的 Q 弹加上香草带来的幸福气息，吃起来的感觉好像正在进行甜美的接吻，能想到的最幸福的事，就是和香草果冻的遇见和相恋。

## 2. 香草饼干

市面上售卖的饼干五花八门，但喜欢饼干的朋友，一定不能错过香草制作的饼干。香草饼干外表比较普通，可是口感香醇，味道绝对超赞，尤其是那混合了香草、奶油和谷物的香气，让人欲罢不能。

### 3. 香草蜂蜜

　　美味香草和金色蜂蜜的结合，芳香浓郁，功能多样。既可以涂抹面包，也可以直接冲水做成清凉饮料，或者用来调制奶茶、红茶。而且还保留了蜂蜜的营养特性，绝不用担心发胖。

### 4. 香草汽水

　　在无数气泡中酝酿的自然气息，如同带来了鸟语花香里的一场小雨，惬意的清凉体验，舒适的很！在厌倦了各式耳熟能详的饮料后，香草汽水绝对值得一试。

## 5. 香草蛋糕

　　香草的香味被软糯的蛋糕紧紧锁住，有了一种返璞归真后的恬淡之香，细细体味后，沁入心脾。一旦放入口中，甜美的感觉将触动味蕾的每一次跳动。十足的幸福料理，百分百的午后惬意佳配。

## 6. 香草巧克力

细致的香草与醇厚的巧克力是最绝妙的搭配；香草可使巧克力的辛辣苦涩变为香甜可口，进而使混合了香草的巧克力浓醇可口、细致迷人……细滑感受中酝酿着浪漫的气息，仿佛一场美丽的邂逅。

## 7. 自己动手做香草冰淇淋

【原料】牛奶 230g，奶油 230g。

【辅料】鸡蛋黄 3 个，细砂糖 50g，香草荚 1 根。

【做法】

1．香草荚横剖成两半，刮出香草籽，连同豆荚一同放入牛奶里；

2．小火将牛奶加热至沸腾，关火，盖上盖，焖 10 分钟；

3．蛋黄和细砂糖放入盆中，搅打至接近白色的糊状；

4．将焖好的牛奶，缓慢、少量地加入蛋糕中，快速搅拌；

5．彻底混合牛奶与蛋糊后，倒回锅中，小火加热，不停搅拌均匀；

6．勺子不断搅拌，直到勺子裹上奶糊后，划出一条痕迹不会消失时，关火；

7．过滤后隔冰水降温，冷却后入冰箱冷藏；

8．淡奶油打至七分发，将冷藏后的奶糊倒入混合均匀，入冰箱冷冻；

9．每隔一个小时取出，用勺子翻拌一遍，直到完全冻硬，美味冰点完成。

Tips：冰箱冷冻室温度要调到最低，冷冻的温度越低冰淇淋口感就越好。

# 生如夏花

## 泰戈尔

我听见回声，来自山谷和心间

以寂寞的镰刀收割空旷的灵魂

不断地重复决绝，又重复幸福

终有绿洲摇曳在沙漠

我相信自己

生来如同璀璨的夏日之花

不凋不败，妖冶如火

承受心跳的负荷和呼吸的累赘

乐此不疲

第 **5** 章

【风暖香来】京郊闻香攻略

云卷云舒间，

香馨无限

**我**是一个匆忙的都市人，

在一座陌生的城市里享受繁华，

**奔波**，不计健康和宁静。

我哈欠连天，

没有胃口，

没精打采，

常望着写字楼外方形的天空发呆，

时常无名的恼火，不知对谁。

突然间，

我想**逃**，

远离这一切，

过一种平淡而安宁的生活，

逃逸都市，

**享受生活**，

做个时间的小偷。

循着普罗旺斯的步调。

## 人间花海风情园

闻香地址：密云县太师屯车道峪村。

## 北京香草世界

闻香地址：怀柔区北房镇新房子村

城市农业公园内。

## 蓝调庄园

闻香地址：朝阳区金盏乡楼梓庄。

## 亮民绿奥观光园

闻香地址：大兴区西芦各庄村南。

## 梦幻紫海香草庄园

闻香地址：大兴区榆垡镇西胡林村。

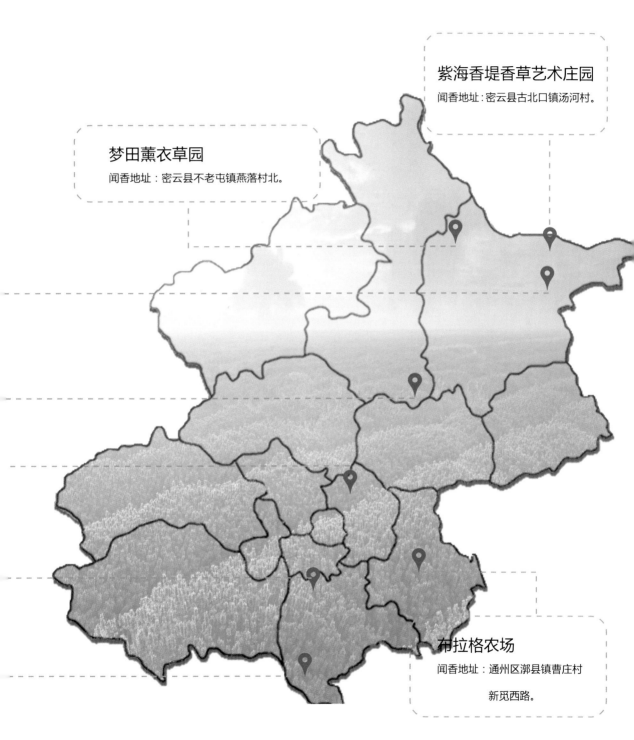

紫海香堤香草艺术庄园
闻香地址：密云县古北口镇汤河村。

梦田薰衣草园
闻香地址：密云县不老屯镇燕落村北。

布拉格农场
闻香地址：通州区潞县镇曹庄村
新觅西路。

# 一、北京蓝调薰衣草庄园
## ——放慢脚步，去寻找爱的灵魂

　　北京蓝调薰衣草庄园（又名：紫香漫境薰衣草庄园，蓝调庄园），被誉为中国最浪漫的田园，又称"爱的伊甸园"。庄园位于北京市朝阳区金盏乡楼梓庄蓝调庄园内，距离国贸仅18公里，驾车约半小时，庄园整体占地面积达1200亩，其中薰衣草田达300亩，是亚洲面积最大的香草观光主题景区，做到了真正的一望无际的紫色花海。

　　庄园在规划及建设阶段聘请法国普罗旺斯香草专家进行指导，完整的继承了法式农庄的风格。庄园中众多的主题景观，创意十足，情调满分。不必多说，即刻飞奔到这里，拥抱花海，闭上双眼聆听大自然的声音，在这里，时间是人们唯一忘却的东西。

🕐 最佳观光时间：7 月～ 11 月底。

✈ 北京市朝阳区金盏乡楼梓庄。

🚌 ① 北京站东乘坐 639 路至楼梓庄马家沟站下车即到；

　② 国贸（大北窑北）乘坐 488 路公交车至马各庄坤江市场站（焦沙环岛）下车向北 500 米；

　③ 国贸（大北窑东）乘坐 502 路公交车至蓝调庄园临时站下车延东高路走 500 米左右即到；

　④ 金台路口东乘坐 306 路公交车至蓝调庄园站下车即到。

🚗 沿京通快速路、朝阳路、朝阳北路向东，东五环向北，平房桥出口向东走机场第二高速向北，东苇路出口向东，

　见彩虹门进入，沿焦沙路一直向东见焦沙环岛向北 500 米即到。

⭐ 特色项目：婚纱婚庆、婚纱写真摄影、休闲采摘、意境美食、特色住宿、香草集市。

　　在最浪漫的庄园里，留下最浪漫的时刻。位于蓝调庄园内的奥古斯都环球影城是全国最大的婚纱实景拍摄基地。面积近 2 万平方米，百分百纯实景，拥有五大景区，风格多变，可以足不出户，让新人拍遍世界美景。

　　夏日婚纱照，拍摄旅途的奔波，对享受甜蜜的新人而言，无疑是一件很头痛的事。蓝调庄园携手八月照相馆打造一站式服务，将婚纱摄影和旅游度假完美结合，配合蓝调主题客房、特色餐饮，为游客营造了一种浪漫、温馨的度假体验。让都市新人在拍摄婚纱照的同时，能够轻松的享受到不一样的田园生活。

专卖香草制品的集市，有着非同一般的体验。小浪漫、小情调的聚集处。有趣的是，大多顾客都是抱着看看的打算进来，收获却很多。毕竟生活里值得纪念的美好比想象中多很多。

将中国传统的书法、美术、盆景艺术融入菜品中的意境菜。菜品如诗如画，非常具有意境美，而且菜品制作引进了西班牙分子美食技术、烟熏技术、液蛋技术……使菜品无论从外观到口感都表现到极致。

## 二、北京紫海香堤香草艺术庄园
### ——沉醉在古长城脚下

　　北京紫海香堤香草艺术庄园，距北京 120 公里，总计占地 350 亩，2007 年 8 月正式建成，是以"普罗旺斯"式浪漫田园为范本而打造的新型情景旅游度假地，与中国长城之最——司马台长城比邻。"无垠的香草田"、"安静的汤河水"、"茂密的金山林"构成了一副绝美独有的风景图画。

风暖香来

🕐 最佳观光时间：6 月 ~ 11 月底。

✈ 北京市密云县古北口镇汤河村。

🚐 密云总站对面鑫鑫通达汽车站，乘密云至司马台长城班车，香草园下车。

🚗 沿京承高速，司马台长城 24 号出口下高速右转，见红绿灯左转（司马台方向），直行 6 公里右侧白色建筑。

⭐ 特色项目：香草烧烤、特色住宿、婚礼庆典、婚纱写真摄影。

香草海岸小木屋：

　　在山水相拥的香草花海旁，坐落于坡地上绿树丛中的木屋，使顾客独享情调式休憩空间。

### 香蜂露营地

在山水相拥的香草花海中，坐落于坡地上的自然棚屋（帐篷）。

　　坐在阳光晒不透的地方，点上一杯冰爽可口的香草茶就很应景，享受着这其中的快乐。

# 三、梦田薰衣草园

## ——送她一个童话梦

北京云峰山景区梦田薰衣草园是北京唯一可以看到纯正的英国狭叶薰衣草的地方，这种薰衣草与法国普罗旺斯薰衣草是同一品种，可以用来提炼世界最顶级的薰衣草精油，每年夏天景区一片紫色的薰衣草花海，与普罗旺斯花期完全同步！

最佳观光时间：7月～11月底。

北京市密云县不老屯镇燕落村北3公里。

东直门乘坐东密专线到达密云站，再转乘至不老屯的巴士，燕落村下车，乘景区的接驳车直达云峰山。

京承高速太师屯出口出，至松树峪北口左转前行100米，至松树峪路口右转，走琉辛路到辛庄西口左转过高岭，到不老屯镇燕落村，进云峰山景区入口北行即到。

特色项目：薰衣草系列美食、香草DIY、童话树屋住宿。

薰衣草以及各类天然精油加上纯天然的杏油，就成了上等的按摩用油，是芳疗师必备的良品之一。根据景区提供的几个配方，可以配出不同功效的精油，游客可以发挥无限的想象力，调配出专属的芳香味道。

薰衣草具有促使大脑皮层松弛、缓解烦闷、镇静安宁、排除疲劳、提高睡眠质量等功效。自己动手一针一线缝出充满爱意的香枕，一定会带给自己最爱的人一个无比惬意的美梦。

风暖香来

**童话树屋：**

　　原生态树屋在保持梦幻童话色彩的同时，也充分考虑现代人的生活诉求。巧妙安置空调、电视等现代电器，高档的淋浴设施和五星级的英国斯林百兰床垫充分体现了童话树屋的舒适性，密封良好的玻璃窗户在收纳外面自然野性风光的同时，有效地避免了各种林间蚊虫的骚扰。

# 四、亮民绿奥观光园
## ——香草的天空·风车的回忆

　　北京亮民绿奥观光园全面移植荷兰风情，荷式风车加上广阔的香草田园，营造出别致的浪漫气息，让您采摘优质果品的同时感受自然芳香的拥抱，忘记所有的繁杂与压力，全身心投入大自然中。园区四季景观美丽如画，晴时天空中散散淡淡一片云；雨时眼前无约而至一汪水；夏时烈日骄阳下的一缕凉风，夹带若浓若淡的清香空气；冬时，那场一望无垠的皑皑白雪，又将人带入一个天真的童话世界。

最佳观光时间：5 月～ 11 月。

北京市大兴区西芦各庄村南 500 米。

① 乘 23 路至马各庄社区医院，下车向北步行 15 分钟左右；

② 地铁 4 号大兴线到清源路口东南出口，乘 937 支 1 线路直达星明湖。

五环路南中轴路出口（六环磁各庄桥出口）向南直行，沙窝路口左转上庞安路，向东 3 公里，至
西芦各庄村向南 500 米路西。

特色项目：自然露营、果品采摘、香草宴。

风暖香来

## 风情荷兰风车

　　有一种风景，静静地竖立在地平线上，远远望见，仿佛童话世界一般，那一刻便注定不能忘记，更不能忘记她底衬的国度：这就是风车，荷兰的风车。1229 年，荷兰人发明了第一座为人类提供动力的风车，从此风车成为荷兰民族文化的象征。随着时代的变迁，现在的风车已日渐消失，即使在"风车之国"里，风车也已不多见，因此荷兰人也常常像世界各地的游客一样，要到风车村保护区或风车博物馆去，才能一饱眼福。

　　而在北京，就有一座原汁原味的荷兰风车。亮民绿奥观光园内，北京首个一比一等大订制的荷兰风车，在芳香花海之中，和幸福、欢乐的人们微笑对视。

风暖香来

　　园区所有香草种子均为欧洲进口，主要有薰衣草、百里香、鼠尾草、猫薄荷、迷迭香、神香草、留兰香等。欧式自然芳香，浓淡总相宜。

　　在这里不仅陶醉于花香的浓郁，还可以尽情采摘，品尝水果的甜美！

# 五、布拉格农场
## ——刻在心底的神秘味道

布拉格农场是北京种植面积最大的香草种基地，遍植了上百个香草品种，几乎可以闻遍世界各种香草味道。农场借树林和运河的天然屏障，置身于一个恬静的氛围之中。纯朴的围栏，遍植的香草，烘托出布拉格纯朴且神秘的浪漫，宛如世外田园。这里有普罗旺斯的熏衣草，也有布拉格的欧洲风情。

🕐 最佳观光时间：7月～11月底。

✈ 通州区漷县镇曹庄村新觅西路（运河桥南侧）。

🚌 在大北窑、北京火车站、地铁八通线土桥站，乘坐938路公交车，至漷县觅子店下车。换乘当地私人出租车，到布拉格农场。

🚗 ① 走103国道，到觅子店路口左转（见中石化加油站）上觅西路约四公里，马路左手边看到魔方的建筑即是；

② 走京沈高速，漷县出口处，右转直行上103国道。到觅子店路口左转（见中石化加油站）上觅西路直行约4公里，马路左手边魔方建筑即是。

☆ 特色项目：百万葵园、油菜花海、香草农事体验。

在这里，能参与包括香草、花束、蔬果在内的多种采摘活动，既能将难得的有机特色农业产品带回家，更能亲身体验劳作的乐趣。农场更特别为小朋友准备了田地可进行播种耕作活动，品味与大地母亲的亲密互动。

风暖香来

　　每一朵向日葵都是太阳的孩子，它永远追寻着母亲的轨迹。向日葵海洋泛起金色的浪，将法国南部的阳光带到布拉格农场，热辣的光芒，安慰每个灵魂，震撼每颗心灵。

　　薰衣草的香是人生中某种半梦半醒的状态，淡到了极处，又刻在心底。就像是那些"我们的故事"，和我们只能回忆的时光。

# 六、梦幻紫海香草庄园
## ——河岸边的欧式风情

　　北京梦幻紫海香草庄园占地面积 600 亩，其中薰衣草种植面积 200 亩。在突出香草主题的同时，园内还匠心独运、巧妙搭配了百里香、鼠尾草、马鞭草、波斯菊、藿香、假龙头、海索草、香蜂草、留兰香等 40 余种名贵花草，色彩纷呈、相映成趣。庄园主要以欧洲风情为主，层叠起伏的绚烂花海与罗马愿望、波尔多印象、鹿特丹风车、枫丹白露园、普罗旺斯情缘、威尼斯岛屿、米兰摄影棚、巴黎郊外八大景观融为一体。稳步换景，园内流淌着浪漫、复古、神秘的异域音符；终集大成，汇聚了种植示范、休闲娱乐、旅游观光、科普教育等多重功能。

# 风暖香来

🕐 最佳观光时间：7 月 ~ 10 月底。

✈ 大兴区榆垡镇西胡林村。

🚐 市内乘 937 路西胡林村终点站下车即到。

🚗 大广高速南行，求贤出口出，左转，遇第一个红绿灯右转直行即到。

⭐ 特色项目：香草 DIY、婚纱写真摄影。

我有一座小房子，面朝花海，春暖香来。

风暖香来

乘上小火车，在花海中一路驶向美好且幸福的未来。

# 七、北京香草世界
## ——身边的普罗旺斯

　　北京香草世界被誉为北京最美丽的香草

花海之一。这里种植了 100 万株来自欧洲、台湾的

名贵香花、异草：罗马洋甘菊、红花鼠尾草、原生百里香、迷迭香、罗勒等，

尤其是各种品种的薰衣草……随着不同品种的香草竞相开放，

整个园子变成梦幻浪漫花海。园中的百米许愿墙、十二星座框景雕塑、

趣味绿植带、鲜花古堡等主题景观，以及秋千、花架、长椅等小品，

充满了欧洲复古花园情调。

# 风暖香来

🕐 最佳观光时间：7月～10月。

✈ 怀柔区北房镇新房子村城市农业公园内。

🚌 980路公交车，北房路口下车，下车往南走50米换
乘怀柔至小罗山公交专线，到新房子村，步行沿指示
过"北房农业城市公园"西门。

🚗 京承高速14号（怀柔站）出口下，直行见开放环
岛，沿101国道密云方向直行5公里，见北房路口
"全国重点镇"，右拐直行2个路口，至环镇路左转
1500米即达。

⭐ 特色项目：开心农场、浪漫许愿、写真摄影。

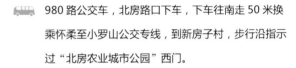

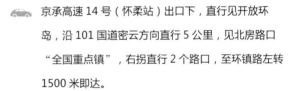

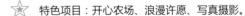

花海漫步留下最甜美的倩影，在园区内星座框景、创意群雕、情侣自行车配合下，穿上自已最美的衣裳在花海之中漫步起舞，将这一时刻定格在相机里永久保存。

# 风暖香来

品尝功效各异的香草茶，美容、排毒、养颜、增强记忆力。

精油纯露 DIY。体验亲身制作精油纯露、精油香皂的无限乐趣，送给亲朋好友独一无二的精美礼品。

# 八、人间花海风情园
## ——徜徉在山中仙境

　　人间花海风情园，中心区域 500 亩，总面积 1800 亩，是目前北京地区种植规模最大的花园。园内花卉以薰衣草为主，另有其他 10 多个品种的花卉。园内小桥流水、亭台楼榭和群山相簇，形成了一幅山水大观，如诗如歌的大画卷。景区四面环山，犹如"桃花源"仙境。在香草种植区内修建了水道，乘坐小船游弋于山间花海之中，惬意无比。

🕐　最佳观光时间：7 月 ~ 10 月。

✈　密云县太师屯车道峪村。

🚌　东直门乘 980 到密云汽车站换乘密 38、密 52 等，车道峪站下。

🚗　京承高速 23 号（太师屯）出口，见 101 国道右拐，3000 米再右拐新城子方向 1000 米即到。

☆　特色项目：香草汗蒸养生、水上乐园、婚礼庆典。

# 风暖香来

花田中的水上乐园，有橡皮船、电瓶船、冲舟、水上滚筒、水上三轮、碰碰船等水上游玩项目，在山谷幽香中尽情玩乐！

花海里的全天然休憩，夜观群星闪烁，嗅花香无限，舒适与情调的最佳结合。

香草汗蒸养生。天然香草结合托玛琳汗蒸，增强皮肤弹性，塑身美体；使身体完全放松，舒缓紧张情绪减轻压力。

# 在天晴了的时候

## 戴望舒

在天晴了的时候，
该到小径中去走走：
给雨润过的泥路，
一定是凉爽又温柔；
炫耀着新绿的小草，
已一下子洗净了尘垢；
不再胆怯的小白菊，
慢慢地抬起它们的头，
试试寒，试试暖，
然后一瓣瓣地绽透；
抖去水珠的凤蝶儿
在木叶间自在闲游，
把它的饰彩的智慧书页
曝着阳光一开一收。

到小径中去走走吧，
在天晴了的时候：
赤着脚，携着手，
踏着新泥，涉过溪流。

新阳推开了阴霾了，
溪水在温风中晕皱，
看山间移动的暗绿——
云的脚迹——它也在闲游。

第**6**章

【香草心情】当足迹遇上馨香

缕缕芬芳，漫醉往事如烟

走在熙攘的人群

擦肩而过的，总是些陌生的身影

18 点 45 分，地下铁的出口

我看见街道两旁闪烁的霓虹

他向左走，而她，转向了右

寻着某个人的脚步

远方的空气里

渐渐传来熟悉的芬香

一点点，一点点

显露出一片香草的天堂

是谁说

一个人一座城，一朵花一粒沙

在这里，他以香草为幕

拿起笔，画下了她。

## 一、心情 Diary

几页牛皮纸，黄褐色、奶油色、或是淡白色，一本小日记。我的日记不上锁，因为我的心没有栅栏。日记上记录着那片刚刚发现的香草园，紫色的薰衣草占了半边天，柠檬香茅只长在了一角，小女孩的薄荷冰淇淋滴在了漂亮的蓬蓬裙上，玫瑰丛一侧的长椅上，老奶奶的黑猫一直在喵喵叫。日记的一页残留着淡淡的清香，真糟糕，竟然丢掉了夹在里面的香草。仔细闻一闻，原来那是勿忘我的味道。

## 馨香，牢记永远的爱情

南 里

香草心情

你听说过"香草美人"吗？"香草美人"，她的魅力更在于隽永的香气，像爱情一样，永远地被人歌颂和传唱。或许，这正是她在人类文明的沃土中永远绽放微笑之花的缘由吧。而不论她化身任何姿态，都是馨香和艺术的完美结合。

在"薰衣草的故乡"，普罗旺斯的心脏，有一座传奇的世界历史文化名城——阿维尼翁。这里是戏剧爱好者的圣地。每年七月，阿维尼翁戏剧节前后，世界各地的游客及戏剧爱好者蜂拥而至，薰衣草、向日葵与梦想一同在阳光下绽放。这里所诞生的艺术品，在馨香的陪伴下，铭记永恒。

《香薰时光之恋》中这样描述：我的家乡有一片紫色的田，阳光里是思念的味道。无论你走到多远，记忆会好像那阵阵花香，千年不忘。如果不记得了回家的路，熟悉的馨香会带着你走过轮回，回到最初的地方。这样隽永的记忆，谁在拥有？

以前和心爱的人一起计划游遍香草园，我们的梦想中有几个花海要去，第一就是荷兰的郁金香、第二是普罗旺斯的薰衣草、第三是阿尔山的杜鹃、第四是江南的油菜花、第五是日本的樱花。足迹和馨香会见证我们的爱情之路，多么美好。时间已经过去许久，我们最先去的竟是普罗旺斯的薰衣草，那里的风景让我陶醉，温暖的阳光洒下，微风带来阵阵香气，真想永远停留在那里，留下美景，留下我和最爱的人的美好时光。

# 一路行走，寻找后青春的诗

阿 Mei

当烟雾随晨光飘散

枕畔的湖已风干

期待已退化成等待

而我告别了突然

当泪痕勾勒成遗憾

回忆夸饰着伤感

逝水比喻时光荏苒

终于我们不再

为了生命狂欢

为爱情狂乱

然而青春彼岸

盛夏正要一天

一天一天的灿烂 ········

期待已久的野外实习之行终于启程，是寻找芳香，还是记录学习，我已不再计较。

老师说，人家旅行是看热闹，咱们是看门道去的，强调一早上的学以致用要边玩边观察边思考，下边一个个兴奋地手里都只拎了吃的喝的，大家兴致很浓厚，有点叽叽嘎嘎，就是不知道书包里除了用品有木有本子和笔（很好意思的说，除了护肤品和吃的，至少我还有两个小本子和两支笔）。

从路上说起吧，这一次旅行，对我而言，有点特别。

曾经，那么期待能和一个人一起，到我们没去过的远方，那里要有大片的玫瑰丛或是向日葵花海，还要去

彼此在的城市感受不一样的风景，找寻不一样的自己。可是有一天，我就站在你身后一转身的距离，而你却不知晓，而我依然孤独的快步向前走，最后我们渐行渐远，直到再也看不到彼此。

在车上，听着 Mayday 的歌。一路和 L 各种侃各种自拍，拍够了开始吃喝，那那伙一直在我旁边吃泡椒凤爪，我甚是羡慕嫉妒恨，但表示无奈，为了保证顺利完成旅途我戒辣了。就这样，安慰着某个小伙伴，一些没必要计较的小瑕疵小情绪暂且都忽略不计，在车上喝饱了睡睡醒了各种拍，拍累了也差不多到目的地了。

这一路，是我往窗外看时间最少的旅行，每次出行都喜欢靠窗，从始发站到终点站，除了睡着的时间，视线都很少离开窗外景物，背道远去的景物会让我心生很多感慨。一个人，对着窗外，静静的听歌，喜欢那个安静的自己，不焦不躁的自己，在陌生的路上，静默，体会熟悉的地方自己拥有的一切，找寻不曾发现的在路上的自己，那些瞬间觉得生活特别完美。

主要是在北国呆这么久，还真没有发现这么清新的景色，好久好久没有这种感觉了，回家的感觉，一路欣赏一路对比。突然觉得：女孩，一定要去旅行，只有通过旅行，才能更好地成长。一个人只有在一个新环境中，才能校正自己的缺陷。享受在不同时空切换的快感，喜欢不同的事物，无论是感官上的还是精神上的，都会给你不可预料的冲击，也许是视觉上的盛宴、亦或是味觉

香草心情

上的冒险，还可以是心灵上的挑逗。

　　旅行、摄影、记录，一串青春的记忆，一首后青春的诗。伴随着寻找，伴随着旅途的芬芳和美景，一点点在我的人生留下印记。

# 品味香草

丫 丫

　　香草，总是与爱情相伴。在伊丽莎白时代，《薰衣草代表真爱》是最具代表性的抒情诗。更早时，在《圣经·雅歌》已描绘了男女青年两情相悦、彼此渴慕的场景。香草，是开启无边想象中的神灯，她那或浓或淡的馨香，仿佛高歌的余韵，又好似氤氲的云盘绕在高山，牵动人们最美好的想象，仿佛打开囚禁心灵的大门，投进阳光。无数和香草有关的艺术作品，无论内容有怎样的差别，香草的意向却没有出入，这个美人永远代表着美好的感动，赠与人们温暖的希望，给人以积极的正能量。

　　我们生活的都市，或繁忙，或拥挤。总想要短暂逃离，逃逸都市，享受慵懒，在美丽的香草园做个时间的盗贼！可是我们每次的度假都如同去完成公务，全身披挂各种包裹，五天之内豪迈地遍游欧洲，像一群被赶的鸭子，走马观花，行色匆匆。

　　想起《雏菊》里的场景，风景如画的阿姆斯特丹。乡村的小路，美丽的田野，大片大片盛开的雏菊。这样美丽的画面应该就会让我们驻足不前了吧，在这样美好的场景里，尽情吸收正能量。

寻花之旅 · "薰衣草" 之恋

伊 人

　　薰衣草，是一听上就让人觉得浪漫唯美的名字。还没见过它，却已恋上它。所以，当从朋友的空间里看到梦幻般的薰衣草花海时，我欣喜不已。终于，不必再向往普罗旺斯，在成都附近也能欣赏到大片的薰衣草了。

　　我们去时，雨后天晴，阳光朗照，花开正盛，上百亩的紫色花海吸引了大量游人慕名前来。在蓝天白云的映衬下，当那一片紫色出现在我们面前时，让人忍不住想欢呼、跳跃。紫红色的是柳叶马鞭草，一枝枝，一簇簇，一片片，高高昂起头，对着阳光热烈绽放，犹如一片紫红色的云霞，令人震撼。

　　之前，一直以为我看到蓝紫色花卉就是薰衣草，这段时间浏览花卉论坛，才发现这只是一个美丽的谎言。那不是薰衣草，而是蓝花鼠尾草。由于气候、地势等因素，想在成都平原大规模种植薰衣草，终究只能是一场浪漫的梦。

## 二、@吧

　　明天周末？去哪里动动筋骨？宅在家里？太没情调了吧！计划去看海？附近只有花海啊！薰衣草，向日葵，迷迭香，勿忘我，来个话题互动下。关注彼此，@一下，共享下妙曼的时光吧！

香草心情

@ 南里—luky

　　香草冰淇淋、香草奶茶神马的最好吃了，明天周末了，出门一起来个香氛派对吧，吃吃烧烤，聊会八卦，玩个真心话大冒险，嗨起来哦！

@ - 蓝

　　哎呦，他是要哪样，我是真的感动了。一百朵的"勿忘我"，我是收下呢，收下呢，还是收下呢！

@ 小小姿色

　　这个季节不知道去哪里，想要细雨和微风，风景美，能让我忘记一切的地方。我自己一个人，背起行囊，一次说走就走的旅行。我在北京，你在哪里？

@1S、炎

　　可以不同年，可以不同月，可以不相遇，可以不相识。只是如果冥冥之中有缘，还是要把缘分实现，留下香草的回忆，或是甜美的爱情。

@ 一只猫的 3 岁半

　　我相信，很多东西不只是幻想，我也相信，总会有一个人陪我延续属于我的故事，在我爱的城市里。那里有花香，有湛蓝的天空。如果信念不在这里，我会不断去不同的城市，寻找不同的人。

@% 的 %

　　像我酱紫的人，就是不争不抢，不骄不躁。生活很简单，喜欢出去走走晃晃，轻松自在，没有纷争，没有压力，有的只是怡然自得。

# 面朝大海，春暖花开

## 海子

从明天起，做一个幸福的人

喂马、劈柴，周游世界

从明天起，关心粮食和蔬菜

我有一所房子，面朝大海，春暖花开

从明天起，和每一个亲人通信

告诉他们我的幸福

那幸福的闪电告诉我的

我将告诉每一个人

给每一条河每一座山取一个温暖的名字

陌生人，我也为你祝福

愿你有一个灿烂的前程

愿你有情人终成眷属

愿你在尘世获得幸福

我只愿面朝大海，春暖花开